EL PRINCIPIO DE LOS

# gecos BEBÉS



KIM THOMPSON

CREATIVE EDUCATION • CREATIVE PAPERBACKS

# CONT

# ENIDO

Soy una cría 4
Por mi cuenta 6
Partes especiales del cuerpo 8
El truco de la cola 10
Habla y escucha 12
Palabras de geco 14
Índice alfabético 16

# SOY UNA CRÍA.

Soy un geco bebé.

Tengo las patas cubiertas de pelos diminutos. Se adhieren a cualquier cosa.

Mi mamá puso un huevo bajo las hojas. A los pocos meses, salí del cascarón.

No necesito que me cuide un adulto. Puedo sobrevivir por mi cuenta.

**Atrapo** insectos **con mi lengua larga**. Trepo árboles con mis patas pegajosas. Mis colores me ayudan a esconderme.

Me mantengo despierto toda la noche. Duermo todo el día.

Las serpientes, las aves y otros animales me quieren comer.

Si un animal me atrapa la cola, se desprende. Eso no me molesta. ¡Me puede crecer una cola nueva!

Soy uno de los lagartos más pequeños.

# HABLA Y ESCUCHA

**¡TOK!**

¿Puedes hablar como una cría?

Los gecos bebés chillan y gruñen.

Escucha estos sonidos:

https://www.youtube.com/watch?v=03eS6Ph91El&t=75s

¡Ahora es tu turno!

# PALABRAS DE GECO

**escamas:** trozos delgados, planos y superpuestos de piel dura que cubren los cuerpos de los lagartos y otros reptiles

**insectos:** pequeños animales de seis patas y esqueleto exterior duro; bichos

**lagartos:** reptiles que tienen cuerpos escamosos, cuatro patas y colas largas

**salir del cascarón:** romper el cascarón de un huevo para nacer

# ÍNDICE ALFABÉTICO

cola . . . . . . . . . . . . . . . 4, 11
colores . . . . . . . . . . . . . . . . 8
depredadores . . . . . . 10
dormir . . . . . . . . . . . . . . . . . 9
huevo . . . . . . . . . . . . . . . . . 6
insectos. . . . . . . . . . . . . . . . 8
lengua. . . . . . . . . . . . . . . . . 8
mamá . . . . . . . . . . . . . . . . . 6
patas. . . . . . . . . . . . . . 5, 8
tamaño. . . . . . . . . . . . . 11

**PUBLICADO POR CREATIVE EDUCATION Y CREATIVE PAPERBACKS**
P.O. Box 227, Mankato, Minnesota 56002
Creative Education y Creative Paperbacks son sellos editoriales de The Creative Company
www.thecreativecompany.us



**CATALOGING-IN-PUBLICATION DATA ESTÁ DISPONIBLE EN LIBRARY OF CONGRESS**
LCCN: 2024053642
Library Binding ISBN: 9798889898542
Paperback ISBN: 9781682778944
eBook ISBN: 9798889899334

**DISEÑO Y PRODUCCIÓN**
Diseño por Rhea Magaro
Producción de Beeline Media and Design, Inc.
Dirección artística de Tom Morgan

**FOTOGRAFÍAS** de Alamy Stock Photo/Alon Meir, 7, Chris Mattison, 6-7, FB-StockPhoto-1, 5; Shutterstock/ Agus_Gatam, portada, 4, 14, Bohbeh, 13, DWI YULIANTO, 9, Kurit afshen, 2-3, 8, Matt Jeppson, 10-11, Robert Eastman, 11, somsak mungmee, 12

Impreso en los Estados Unidos de América